思維遊戲大挑戰

密室逃脫遊戲

2 最後的龍蛋

黑米・皮耶 及 梅蘭妮・維衛斯　著　　艾・君托　一

新雅文化事業有限公司
www.sunya.com.hk

同系列尚有

思維遊戲大挑戰

密室逃脫遊戲
1 瘋狂黑客

你有信心在限時內
破解謎題並
逃出生天嗎？

思維遊戲大挑戰

密室逃脫遊戲 2 最後的龍蛋

作　　者：黑米·皮耶(Rémi Prieur) 及 梅蘭妮·維衛斯(Mélanie Vives)
繪　　圖：艾·君托 (El Gunto)
翻　　譯：吳定禧
責任編輯：黃花窗
美術設計：蔡學彰
出　　版：新雅文化事業有限公司
　　　　　香港英皇道499號北角工業大廈18樓
　　　　　電話：(852) 2138 7998
　　　　　傳真：(852) 2597 4003
　　　　　網址：http://www.sunya.com.hk
　　　　　電郵：marketing@sunya.com.hk
發　　行：香港聯合書刊物流有限公司
　　　　　香港新界大埔汀麗路36號
　　　　　中華商務印刷大廈3字樓
　　　　　電話：(852) 2150 2100
　　　　　傳真：(852) 2407 3062
　　　　　電郵：info@suplogistics.com.hk
印　　刷：中華商務彩色印刷有限公司
　　　　　香港新界大埔汀麗路36號
版　　次：二〇一九年七月初版

 什麼是密室逃脫遊戲?

小朋友,你大概有聽說過密室逃脫遊戲(Escape Game)吧?這是一種體驗式的「逃生遊戲」,讓你扮演各種各樣的角色,例如:搶劫銀行的匪徒、調查神秘失蹤案的偵探、拯救世界的秘密特工等等。密室逃脫遊戲的宗旨很簡單:你和你的團隊被鎖在一間密室中,你們的目標是通過搜索房間、解決謎題,最後啟動逃生機關,然而這一切必須在限時內完成。

密室逃脫遊戲是一款適合所有人的益智遊戲,參加者並不需要任何特定的知識,只需要好好運用邏輯思維和團隊合作精神,就能破解謎題。然而,觀察、合作和溝通往往是成功的關鍵。

密室逃脫遊戲首次發行於2005年, 當時是一款電腦遊戲。玩家化身遊戲角色跌入陷阱,被困在密室之中,然後一步一步找出隱藏的物品,解開鎖上的家具、盒子等,直到打開逃生大門。

2007年,密室逃脫遊戲在日本首次推出實體式,讓參加者進入精心布置的密室,親身體驗解謎、逃生所帶來的緊張刺激和滿足感。2013年,實體式的密室逃脫遊戲登陸香港,並提供不同的密室主題,有關於歷史的、神話的、宗教的⋯⋯時至今日,更發展出專門為兒童而設的密室逃脫遊戲呢!

當然,你手上這本紙本式的密室逃脫遊戲也非常有挑戰性,快翻到下頁,準備接受挑戰吧!

輪到你啦！

片刻之後，你將會體驗紙本式的密室逃脫遊戲，嘗試解決一連串的謎題。開始之前，請記着以下規則：

計時方法

遊戲的目標是在最短時間內完成你的任務。請選擇難度級別：

（60分鐘）新手限時60分鐘：這是你第一次玩密室逃脫遊戲。

（45分鐘）一般限時45分鐘：你已玩過一次實體式或紙本式的密室逃脫遊戲。

（30分鐘）專家限時30分鐘：你已多次成功破解密室逃脫遊戲！

請在翻到下一頁後開始計時。當然，你也可以選擇不限時間，輕鬆玩一玩。

温馨提示

● 在開始解謎前，請備妥逃生者的基本工具：鉛筆和橡皮！

● 別猶豫！直接在這本書上書寫、塗畫、畫線或者圈起任何線索，這會對你很有幫助！

非一般的閱讀體驗

本書頁碼分成4種顏色：藍色頁碼是遊戲介紹的部分、綠色頁碼是密室逃脫遊戲的部分、橙色頁碼是提示的部分、紫色頁碼是答案的部分。

有別於其他書，這本書並不是順序閱讀的。只有通過仔細觀察和解決謎題，你才能找到繼續冒險的頁數。因此，請不要隨意翻到下一頁，你必須停留在一頁上，直到找出通往下一頁的答案。

部分頁面有摺角，這表示你有權閱讀另一頁。當左下角有摺角時，你可翻閱上一頁；當右下角有摺角時，你可翻閱下一頁。

檢查答案

每當你認為已經找到謎題的答案時，請翻至第44頁查看「核對答案表格」。如果答對了，就能從表格中確定下一個謎題的頁碼；否則就要返回原來的頁碼，繼續努力解謎了。

機械人多多的工具箱

機械人多多是你的忠實伙伴，隨時為你提供幫助。在任務開始之前，它更準備了一些工具幫助你解決某些謎題。快到第45至48頁把它們剪下來吧！

需要幫助嗎？

在冒險的過程中，你就是遊戲大師。如果你覺得自己陷入困境，你可以向機械人多多索取提示（橙色頁碼的第32至37頁），或取得完整的答案（紫色頁碼的第38至43頁）。與密室逃脫遊戲的部分不同，提示和答案部分是依照頁數的順序來排列的。每道謎題有多個提示，例如：當你被困在第20頁時，你可參閱此頁的第一項提示，再嘗試解題；如果還是不行，可參閱第二項提示，如此類推。

千萬不要對索取提示感得尷尬：記住它們是遊戲設計的一部分，正如在實體式的密室逃脫遊戲中需要打電話獲取提示一樣。

開始計時!

歡迎你!

你是Y時空組織特種部隊的成員之一,你是部隊中處理風險任務的專家。在任何時候,Y時空組織都有可能召喚你,並派你到不同的時空執行任務。你有機會被委派去阻止1917年敵人的暴力襲擊,重新逮捕1954年越獄的逃犯,甚至是收回史前時期的魔法護身符!總之,Y時空組織需要你的幫助!

Y時空組織從來不會派你單獨執行任務:忠實的機械人多多會常伴你左右。全靠多多和它的時空之門,你才可以踏上時光之旅。不過,每次你都必須儘快完成任務,因為多多無法維持時空之門太久。

今次,Y時空組織將派你到12世紀執行任務。在那個時代龍瀕臨滅絕,剩下唯一的龍蛋被國王百京偷走了。原來整座城堡都正在準備為年輕的王子慶祝生日,而冷酷無情的百京竟想藉此機會品嘗美味的龍蛋奄列。龍蛋隨時會被放入平底鍋……你必須找到龍蛋並確保它的安全,然後在國王意識到你的存在之前逃離他的城堡。

時間無多,快點執行任務吧!

你知道嗎？

龍是古代人們想像出來的一種傳說中的生物。雖然這種生物從未出現過，但在西方中世紀它象徵着魔鬼或者絕對的邪惡：它經常被描繪成與騎士對抗的生物。它也是亞瑟王傳說圍繞的核心，亞瑟王的姓氏潘德拉貢（PENDRAGON）字面意思是「龍的頭顱」。

機械人多多啟動時空之門，把你送到百京的城堡內。你必須先穿過內院才能到達地牢。那裏囚禁着一位非常強大的魔法師麥迪尼。他是捍衞龍族的支持者。他會向你解釋如何獲得對你至關重要的隱形藥水。

你可以自行選擇路線穿過內院。但要注意，某些石板藏有陷阱⋯⋯

幸好我訓練了一條蛇，牠能夠辨別和躲避所有的陷阱。唯一的問題是這條蛇是怕水的！

你知道嗎？

城堡是一座加固防禦的建築，一般作為領主的住所，例如國王和伯爵。他們的家族、僕人和士兵也居住在內。這些建築最初是用木材建造而成，十二世紀轉以石頭為建築材料，大大提高城堡抵禦攻擊的能力。城堡的結構包括一座主塔樓（最高的塔樓）、一座稱為壁壘的圍牆和一條以水圍繞壁壘的護城河，人們可以通過吊橋穿過護城河。

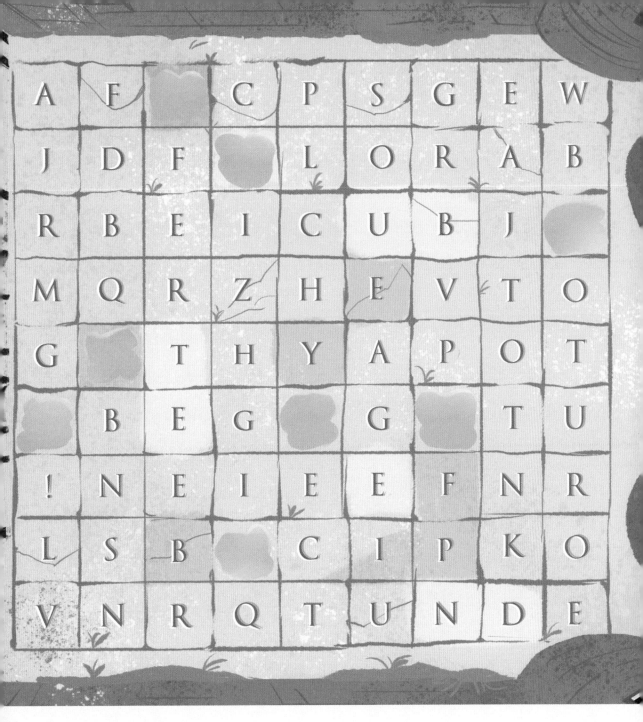

你找到蛇可以通過的唯一路徑嗎？跟從它的路徑可以解碼出一個信息。快去對應的頁數展開接着的冒險吧！

你的答案：

在你按下徽章的一瞬間，「咔嚓——！」你聽見一聲沉悶的聲響。王子的衣櫥打開了，出現一條秘密通道。你找到了隱藏龍蛋的地下秘道！這條通道狹窄而蜿蜒，有如真正的迷宮！在這裏迷路可能非常危險。幸運的是，多多記錄了一些信息。

通往龍蛋的路線必須依次經過一座獅鷲雕像、一個十字架和一支箭。

你的答案：

你知道嗎？

中世紀出現了一些名為**動物寓言集**的書籍，輯錄一些關於真實或虛構的動物寓言故事。當中虛構的生物有獨角獸，結合獅身、鷹首、鷹爪和鷹翅的獅鷲和一半公雞一半爬行動物的蛇怪。當然，還有龍！

你來到魔法師的工作室。這裏擺滿了各式各樣的玻璃瓶。你開始搜索房間，然後你意識到：麥迪尼沒有告訴你如何辨別隱形藥水。「咕！咕！咕咕！」這奇怪的叫聲是什麼？原來是魔法師的貓頭鷹發出的。你一直沒有注意到牠，牠突然大聲叫你。

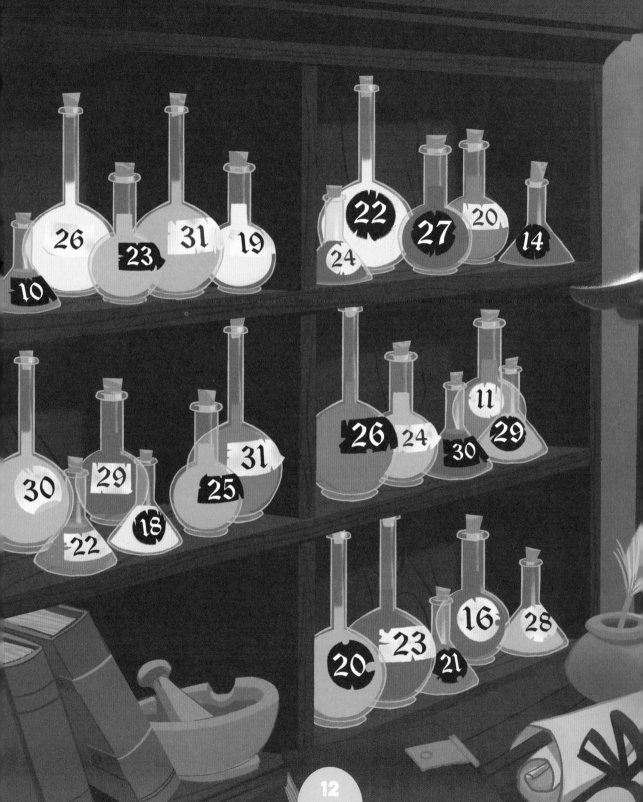

我知道你需要哪個瓶子……

正確的藥水放在容量小於50毫升的瓶子裏。

藥水由紅色和藍色的液體混合而成。

藥水放在底部為圓形的瓶子裏。

正確的瓶子上的圓形標籤不是黑色的。

你的答案：

　　恭喜你任務完成！你成功在百京注意到你之前逃出城堡。你救出最後的龍蛋，阻止龍族的滅絕

　　多多為你感到非常驕傲，你走向它。你的機械人立即用時空之門帶你返回現實世界。是時候回家了，回到現在！當然你不會逗留很久。因為多多預先告訴你：一場新的冒險正等待着你⋯⋯

你喝下正確的藥水，然後離開了魔法師的工作室。隱形藥水已經發揮作用，你遇到的人都看不見你。你現正在主塔樓巨大的門前，但門很明顯被鎖了。在灌木叢後面，你發現地上有一堆廢棄的鑰匙。其中一把鑰匙可以開啟大門，這是肯定的……全部都試一次會浪費太多時間。你需要找出最合適的鑰匙。機械人多多的工具箱裏一定有一件工具可以幫到你的。

你的答案：

你很順利地穿過了城堡的內院，太棒了！你現正在地牢的走廊上。附近沒有護衞，你謹慎地前進，終於找到魔法師麥迪尼的牢房。他從鐵欄的縫隙遞給你一張加密的信息和一本魔法書。

龍蛋藏在地下。要快！

你的答案：

你知道嗎？

你知道魔法咒語「ABRACADABRA」嗎？在中世紀，人們會大聲唸出這句咒語以趕走疾病和惡魔，尤其是治療師，他們被認為是具有魔法力量的人。在那個時期，人們相信魔法和巫師：為了預防疾病如瘟疫和肺結核，無論男女都會戴着護身符，當時的人們相信這是具有保護力的。

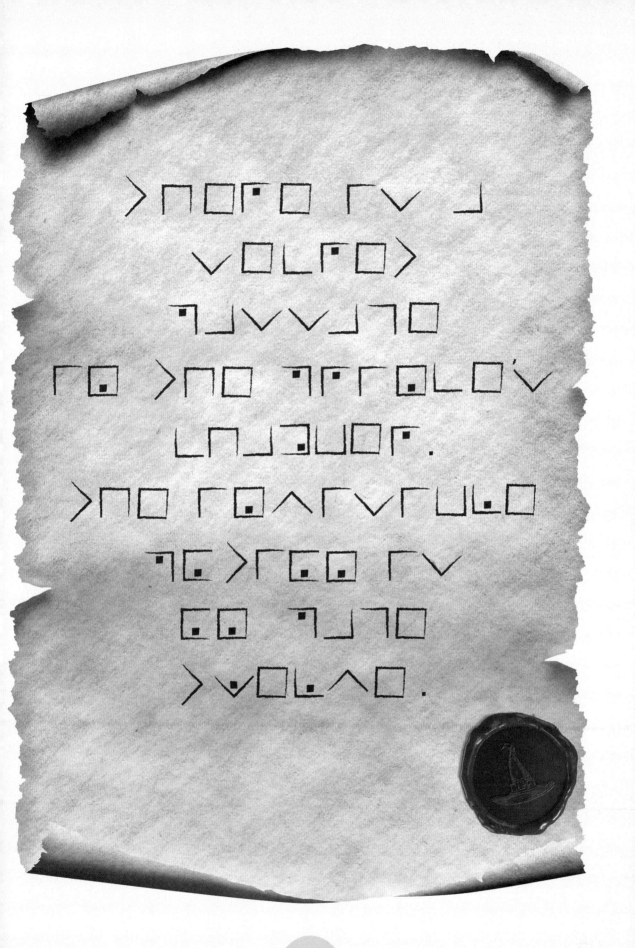

做得好，你找到王子的房間了！牆壁上掛滿了徽章，地上有許多玩具。多多立即把你叫住。

我認為我們必須按下其中一枚徽章，從而打開秘密通道的入口……但是哪一枚呢？

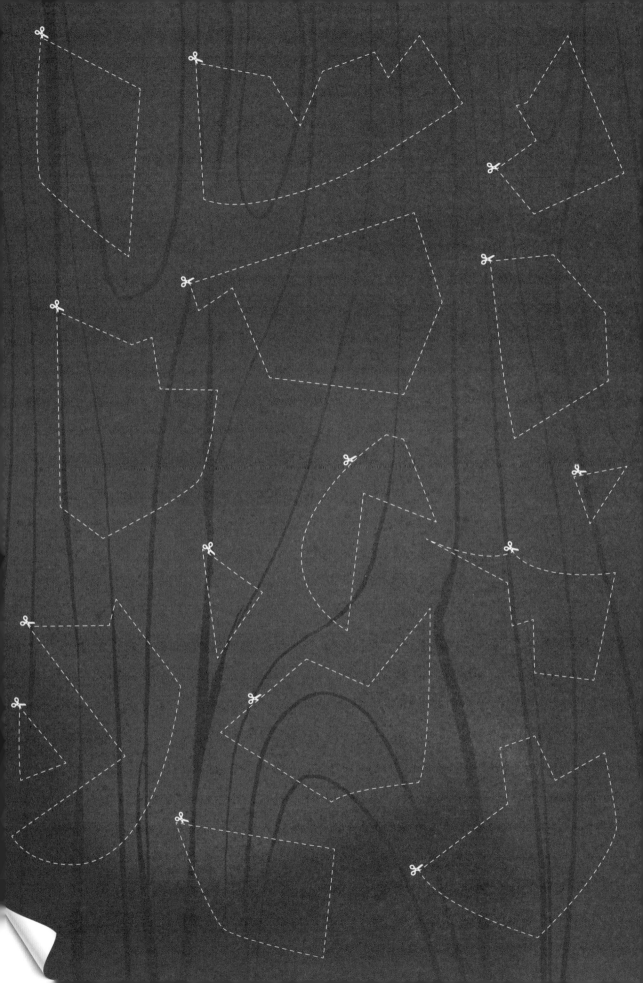

當你陷入沉思，你的目光停留在一幅木質拼圖上……它的形狀引起了你的注意，你突然產生了一個念頭。這拼圖的碎片是否可以重新拼湊成那個獨一無二可以按下的徽章？事不宜遲！

你的答案：

你知道嗎？

徽章由各種顏色和圖案組成，一般繪在盾牌或旗幟上，以表示佩戴者的身分：徽章象徵着佩戴者所屬的家族、城市或者國家。紋章學是一門研究徽章的學科，它會使用特定的詞彙描述徽章：例如徽章上的綠色稱為「SINOPLE」，意為禮貌；徽章上的黑色稱為「SABLE」，意為謹慎。

你成功進入主塔樓！你現在站在幾排大門的前方，每一扇門有一個護衛把守。你想起魔法師的信息：他告訴你王子房間裏的秘密通道。但是哪一扇才是王子的房門？忽然間，所有的護衛離開了他們的崗位，進入宴會廳。生日宴會的晚餐即將開始。你必須儘快找出負責保護王子的護衛！你才能知道是哪一個房間。請記住，護衛必須一直在保護對象的附近……

你知道嗎？

封建君主制是從十世紀到十三世紀組成歐洲社會的政治
體系：幾個領主瓜分一國領土，每個領主控制各自的區
域。但並非每個領主擁有同等的權勢，這裏存在一個權
力金字塔。一個領主可以依附另一個更強大的領主，同
時支配比自己弱小的領主，即是他的附庸。在金字塔的
頂端就是國王。

你找到最後的龍蛋！它終於安全了。你的任務將近完成，你最後要做的是在國王百京意識到你的存在之前逃出城堡。多多只能在室外重新開啟時空之門一次。你在地下秘道四處踱步，發現一個受巨大閘門保護的出口。你在思考閘門的開關機制。你需要啟動操縱手柄，才能拉起閘門打開通道：轉動齒輪後，對應的字母將顯示通往出口的路徑。

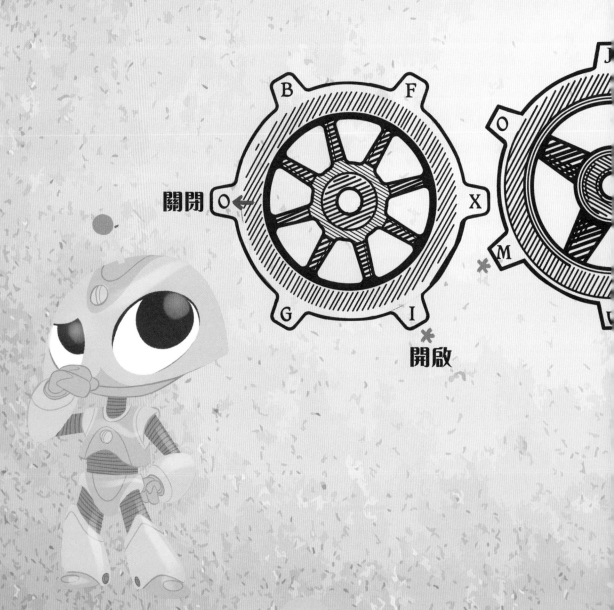

你的答案：

提示

提示內容按頁數順序排列，並不是以謎題解決的次序排列。當你未能順利解謎時，你可參閱該頁的第一項提示，再嘗試解題；如果還是不行，可參閱第二項提示，如此類推。

第8至9頁

提示1：若想穿過內院而不踩到石板的陷阱，你需要多多訓練的蛇！你可以在第45頁剪下來。

提示2：多多提及這條蛇害怕水，所以牠不可以經過帶有水窪的石板。

提示3：你可以水平或垂直穿過院子，可是只有一種擺放的方法可以讓蛇接觸院子兩側而不被弄濕……試試不同的擺放位置吧！

提示4：

 對我來說，從右到左似乎是最有效的方法……

提示5：你把蛇放到正確的位置了嗎？你留意到每個石板上有一個字母嗎？在穿過院子的路線上，沿着蛇的尾部至頭部，你可以解碼出一個句子，並得到一個數字……別忘了翻到第44頁查看「核對答案表格」，檢查自己的答案是否正確，然後到指定的頁數繼續任務。

第10至11頁

提示1：你剛進入城堡的地下……你離龍蛋不遠了！你看見它在迷宮的深處嗎？若想找到它，你必須經過一座獅鷲雕像、一個十字架和一支箭。千萬別迷失方向！

提示2：

> 我認為你需要從迷宮的頂端開始……

提示3：你找到正確的路徑嗎？你留意到你經過的每一個物件（獅鷲、十字架和箭）都帶有一個數字嗎？依次收集它們，你可獲得一個三位數的數字。請翻到第44頁查看「核對答案表格」，檢查自己的答案是否正確，然後到指定的頁數繼續任務。

第12至13頁

提示1：只有一個玻璃瓶裝着你需要的隱形藥水。依照貓頭鷹給予的四個指示嘗試推理吧！特別注意瓶子的容量、形狀、標籤和藥水的顏色。魔法師麥迪尼剛才給了你一本魔法書，它會對你有很大的幫助。你可以在第47頁剪下來。

提示2：

> 魔法書有兩個重要的部分幫助你找到正確的瓶子：
> - 色環顯示三原色以及它們之間混合而成的顏色。
> - 三款瓶子的的容量。

提示3：細看色環，混合紅色和藍色的液體後，就會得到紫色的液體！

提示4：只有兩款瓶子的容量小於50毫升。

提示5：按照貓頭鷹的指示，你排除其他瓶子的可能性，剩下一個玻璃瓶！你找到正確的瓶子了嗎？你注意到它標有數字嗎？請翻到第44頁查看「核對答案表格」，檢查自己的答案是否正確，然後到指定的頁數繼續任務。

第14至15頁

該頁沒有提示。

第16至17頁

提示1：你是否仔細看過多多在任務開始之前給你的工具？你可以在第45頁剪下來。其中一件肯定對你有用！

提示2：多多拿出了繩子……

 你沒有時間嘗試所有的鑰匙，若你只是測量它們，這樣會更快！只有一個鑰匙能與鎖匹配。

提示3：把繩子和繩結當作是一把尺子：測量鎖孔的高度，然後找出與之匹配的鑰匙！正確的鑰匙不會過大或過小。

提示4：多多在它的平板電腦上草草地畫了簡圖。

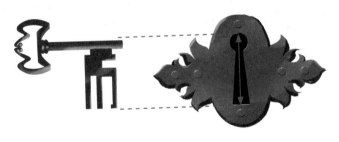

提示5：你找到開啟大門的正確鑰匙了嗎？你注意到鑰匙上面刻有一個數字嗎？請翻到第44頁查看「核對答案表格」，檢查自己的答案是否正確，然後到指定的頁數繼續任務。

第18至19頁

提示1：魔法師麥迪尼的魔法書對破譯信息至關重要！你可以在第47頁剪下來。

提示2：你必須利用魔法書中聖殿騎士密碼的破譯圖表！若想理解密碼，你必須聯繫每個字母和圍繞的線段和方塊。

> ⌐ = I　⌐. = L　< = Y　⌐ = A
> 麥迪尼的信息開頭是「There is a」，意思是「有一個」。剩下的內容由你來破解！

提示3：你破解了整段信息嗎？它告訴你一個數字……請翻到第44頁查看「核對答案表格」，檢查自己的答案是否正確，然後到指定的頁數繼續任務。

第20至23頁

提示1：別忘了有摺角的頁面代表你可以閱讀上一頁或下一頁！

提示2：你想開始拼湊王子的木質拼圖嗎？你可以剪下第21頁的拼圖。

提示3：

> 有些拼圖是多餘的：當中只有三塊是用於拼湊你想要的徽章。其餘屬於其他徽章，對你沒有任何用處。

提示4：你成功完成拼圖了嗎？ 拼圖組成一個徽章，你必須在王子房間的牆壁上找出相同的徽章，請看看第20至23頁。注意徽章的輪廓、顏色的位置、內部的圖案和獅子的方向。

提示5：你找到開啟秘密通道的那枚徽章了嗎？你是否留意到它對應着一個數字？請翻到第44頁查看「核對答案表格」，檢查自己的答案是否正確，然後到指定的頁數繼續任務。

第24至27頁

提示1：別忘了有摺角的頁面代表你可以閱讀上一頁或下一頁！

提示2：首先，你必須找到王子的位置！他在宴會廳的某個地方，在第26至27頁⋯⋯

提示3：多多可以幫你找到王子！

我認為他在身穿粉紅色裙子的年輕女孩附近。根據我的資料，王子擁有一頭金髮，頭戴王冠。

提示4：你找到王子了嗎？肯定有個負責保護他的護衛在附近！找出這名護衛，然後對應第24至25頁：在進入宴會廳之前，他負責看守王子的房門⋯⋯ 這就是你必須打開的那扇門，從而進入秘密通道！

提示5：你找到王子的房門了嗎？你是否留意到上面刻有數字？別再猶豫，請翻到第44頁查看「核對答案表格」，檢查自己的答案是否正確，然後到指定的頁數繼續任務。

提示1：別忘了有摺角的頁面代表你可以閱讀上一頁或下一頁！

提示2：若想打開閘門，你需要啟動操縱手柄！為了讓刻在第一顆齒輪上的箭頭從「關閉」位置轉至「開啟」位置，你必須以逆時針方向轉動兩格齒輪，從而移動整個機關。多多剛才畫了一張簡圖，幫助你以正確的方向轉動齒輪：

 順時針方向 逆時針方向

提示3：你是否留意到機關的輪齒上刻有字母，並在某些位置有標記？齒輪會移動，但是標記的位置是固定的。

提示4：

你以一個方向轉動齒輪，下一個齒輪會以反方向轉動，如此類推。你一定不可弄錯齒輪轉動的方向！以下是示意圖。

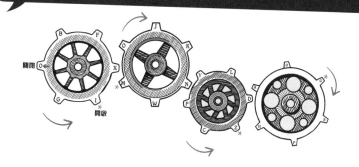

提示5：你以逆時針方向把第一個齒輪轉動兩格，從而轉動後面的齒輪。因此，標記位置的**字母**也曾隨之改變。你需要所有標記的字母才能逃出地下。你必須取得共14個標記的字母。

提示6：一旦所有齒輪轉到正確的定位，從第一個到最後一個齒輪依次收集標記的字母。你將破解出一個句子，它會告訴你一個數字！請翻到第44頁查看「核對答案表格」，檢查自己的答案是否正確，然後到指定的頁數繼續任務。

答案

答案內容按頁數順序排列，並不是以謎題解決的次序排列。如果你想知道謎題的答案，你可參閱該頁的解決方法。

第8至9頁

你剪下了第45頁多多訓練的蛇嗎？只有一種擺放的方法可以讓蛇接觸院子兩側而不被弄濕，這代表牠不可穿過水窪！

你把蛇放到正確的位置了嗎？在穿過院子的路線上，沿着蛇的尾部至頭部，你可以解碼出「TURN TO PAGE EIGHTEEN！」，意思是「翻到第18頁！」。

因此儘快到第18頁！接下來的冒險等待着你！

第10至11頁

只有一條路線可以依次經過一座獅鷲雕像、一個十字架和一支箭。

你經過的三個物件各帶有一個數字。沿着路徑，你可以收集三個數字：一個0在獅鷲雕像，一個2在十字架和一個8在箭的位置。你找到028！儘快到第28頁展開接着的任務吧！

第12至13頁

只有一個玻璃瓶裝着你需要的隱形藥水。按照貓頭鷹的四個指示，你就能找到藥水。為此，你還需要魔法師麥迪尼給你的魔法書！你可以在第47頁剪下來。

請記住，混合紅色和藍色的液體會得到紫色的液體。

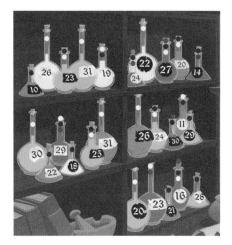

- 正確的藥水放在容量小於50毫升的瓶子裏。

- 藥水由紅色和藍色的液體混合而成。

  藥水放在底部為圓形的瓶子裏。

- 正確的瓶子上的圓形標籤不是黑色的。

只有一個瓶子符合貓頭鷹的四個標準，所以正確的瓶子是第16號！時間緊迫，快去第16頁喝下隱形藥水吧！

第16至17頁

把多多給你的繩子當作是一把尺子！你可以在第45頁剪下來。首先，測量鎖孔的高度，然後找出與之匹配的鑰匙。

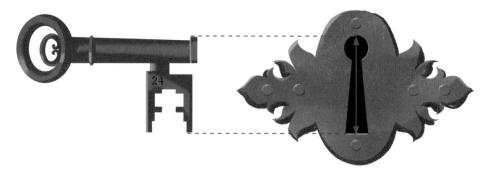

只有第24號鑰匙是完全符合鎖孔的高度！你必須爭分奪秒，儘快去第24頁開啟大門！

第18至19頁

若想破譯麥迪尼的信息，你需要他的魔法書。你可以在第47頁剪下來。準確地說，你需要聖殿騎士密碼的破譯圖表。仔細觀察，你可從中推斷……

A = ⌐   B = ⌐   N = ⌐   S = ∨   Y = ◁   如此類推

破解魔法師的信息後，你可解讀出「THERE IS A SECRET PASSAGE IN THE PRINCE'S CHAMBER. THE INVISIBLE POTION IS ON PAGE TWELVE.」，意思為「王子的房間有一條秘密通道，隱形藥水在第12頁。」。

第20至23頁

首先，你要拼湊王子的木質拼圖！你可以在第21頁剪下拼圖。請注意，有些拼圖是多餘的，你不需要用到它們。拼圖組合完成後，你可以得到以下圖案：

沒有用的拼圖

這枚徽章和王子房間牆壁上其中一枚徽章相同（第20頁），你需要按下它，來開啟秘密通道的大門。它的號碼是10。儘快去第10頁，時間緊迫！

第24至27頁

你成功找到王子了嗎？他在第27頁的宴會廳！他的身旁有負責保護他的護衛。

你現在必須在第24至25頁找出這名護衛：在進入宴會廳之前，他負責看守王子的房門，換言之，這就是你要打開的大門，從而進入秘密通道……

負責保護王子的護衛剛才站在第20號門前。因此這就是王子的房間…… 快點，去第20頁開啟房門！

第28至31頁

你以逆時針方向把第一個齒輪轉動兩格，從而轉動後面的齒輪。因此，標記位置的字母也會隨之改變。你必須取得共14個標記的字母。

別忘了齒輪系統的運作方式！你一定不可弄錯齒輪轉動的方向：

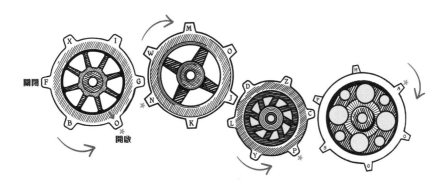

一旦所有齒輪正確定位，你可以得到以下組合：

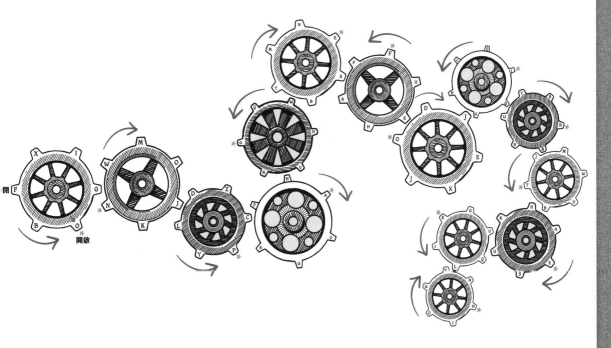

最後，你只需要從第一個到最後一個齒輪依次收集標記的字母，你會破解出「ON PAGE FOURTEEN」，意思為「在第14頁」。

為了開啟閘門，逃出地下，你要儘快趕到第14頁。別忘了帶上龍蛋！

你找到謎題的正確答案了嗎？

想知道就要問機械人多多！它提供了一個可以幫你核對答案的表格。

怎麼閱讀表格？舉個例子，如果你認為第24至27頁謎題的答案是20，便找找「24-27」這一欄和「20」這一列的交叉處。如果你在交叉處找到拇指向上的圖案，代表你的答案正確，因此可以前往第20頁，繼續解答下一個謎題！

相反，如果你找到拇指向下的圖案，代表你搞錯了：因此你要快點回到第24-27頁再試一次。

謎題的頁數

下一個謎題的所在頁數

	8-9	10-11	12-13	14-15	16-17	18-19	20-23	24-27	28-31
9	👎	👎	👎	👎	👎	👎	👎	👎	👎
10	👎	👎	👎	👎	👎	👍	👎	👎	👎
11	👎	👎	👎	👎	👎	👎	👎	👎	👎
12	👎	👎	👎	👎	👎	👍	👎	👎	👎
13	👎	👎	👎	👎	👎	👎	👎	👎	👎
14	👎	👎	👎	👎	👎	👎	👎	👎	👍
15	👎	👎	👎	👎	👎	👎	👎	👎	👎
16	👎	👎	👍	👎	👎	👎	👎	👎	👎
17	👎	👎	👎	👎	👎	👎	👎	👎	👎
18	👍	👎	👎	👎	👎	👎	👎	👎	👎
19	👎	👎	👎	👎	👎	👎	👎	👎	👎
20	👎	👎	👎	👎	👎	👎	👍	👎	👎
21	👎	👎	👎	👎	👎	👎	👎	👎	👎
22	👎	👎	👎	👎	👎	👎	👎	👎	👎
23	👎	👎	👎	👎	👎	👎	👎	👎	👎
24	👎	👎	👎	👎	👍	👎	👎	👎	👎
25	👎	👎	👎	👎	👎	👎	👎	👎	👎
26	👎	👎	👎	👎	👎	👎	👎	👎	👎
27	👎	👎	👎	👎	👎	👎	👎	👎	👎
28	👎	👍	👎	👎	👎	👎	👎	👎	👎
29	👎	👎	👎	👎	👎	👎	👎	👎	👎
30	👎	👎	👎	👎	👎	👎	👎	👎	👎
31	👎	👎	👎	👎	👎	👎	👎	👎	👎

A	B	C
D	E	F
G	H	I

J	K	L
M	N	O
P	Q	R

S / T — U / V

W / X — Y / Z

魔法用具清單

15毫升　　　25毫升　　　65毫升

顏色的混合